美国国家地理·动物故事会系列

动物大明星

你还能看到更多
"动物天才"们的
传奇故事

【美】艾琳·亚历山大·纽曼　著
王镇元　译

Boulder Publishing
大石精品图书

APETIME

时代出版传媒股份有限公司
安徽少年儿童出版社

著作权登记号：皖登字12131315号

美国国家地理学会是世界上最大的非营利科学与教育组织之一。学会成立于1888年，以"增进与普及地理知识"为宗旨，致力于启发人们对地球的关心。美国国家地理学会通过杂志、电视节目、影片、音乐、电台、图书、DVD、地图、展览、活动、学校出版计划、交互式媒体与商品来呈现世界。美国国家地理学会的会刊《国家地理》杂志，以英文及其他33种语言发行，每月有3800万读者阅读。美国国家地理频道在166个国家以34种语言播放，有3.2亿个家庭收看。美国国家地理学会资助超过10,000项科学研究、环境保护与探索计划，并支持一项扫除"地理文盲"的教育计划。

图书在版编目（CIP）数据

美国国家地理·动物故事会系列.动物大明星 / (美) 纽曼著；王镇元译.–合肥：安徽少年儿童出版社, 2014.5

ISBN 978-7-5397-7043-7

Ⅰ.①美… Ⅱ.①纽…②王… Ⅲ.①动物–少儿读物 Ⅳ.①Q95-49

中国版本图书馆CIP数据核字(2014)第027416号

MEIGUO GUOJIA DILI DONGWU GUSHI HUI XILIE DONGWU DAMINGXING

美国国家地理·动物故事会系列·动物大明星　　　[美]艾琳·亚历山大·纽曼 著　　王镇元 译

出 版 人：张克文
总 策 划：李永适 张婷婷
责任编辑：王笑非 唐 悦 吴荣生
特约编辑：杨晓乐
美术编辑：王海燕
责任印制：宁 波

出版发行：时代出版传媒股份有限公司 http://www.press-mart.com
　　　　　安徽少年儿童出版社 E–mail：ahse@yahoo.cn
　　　　　（安徽省合肥市翡翠路1118号出版传媒广场　　邮政编码：230071）
　　　　　市场营销部电话:（0551）63533521　　　（0551）63533531（传真）
　　　　　（如发现印装质量问题，影响阅读，请与本社市场营销部联系调换）

印 　 制：北京瑞禾彩色印刷有限公司
开 　 本：889mm×1194mm 1/32
印 　 张：3.25
字 　 数：65千字
版 　 次：2014年6月第 1 版
印 　 次：2014年6月第 1 次印刷

ISBN 978–7–5397–7043–7　　　　　　　　　　定　价：20.00元

目录

奥皮：爱越野赛的狗骑士   2

第一章　逍遥骑士   5

第二章　极速竞逐   15

第三章　永不放弃   25

"响尾蛇"：帮助预报天气的土拨鼠   34

第一章　顽强求生   37

第二章　土拨鼠日   47

第三章　明星诞生   57

图娜：玩摇滚的猫咪   66

第一章　天生有才   69

第二章　追逐星梦   79

第三章　完美演出   89

扩展阅读   99

更多动物妙趣   100

图片来源   102

致谢   102

奥皮：爱越野赛的狗骑士

奥皮和迈克腾空而起！他们都爱驾驶这辆越野摩托。

奥皮兴奋地伸出舌头喘气，准备好了跟主人一起出发。它的头盔顶上还装有一个相机。

第一章

逍遥骑士

2006 年4月，美国加利福尼亚圣地亚哥。

奥皮——一只澳大利亚牧羊犬抬起头，竖耳倾听。是不是迈克进车库了？这只专注的小狗一跃而起，循声而去。它兴奋地叫着，跳到迈克·谢林脏兮兮的摩托车的油箱上。奥皮伸出粉红色的舌头，两只前爪搭在车把上。

迈克会心地笑了。他把头盔和防风镜戴在这只快乐的狗狗头上，然后飞身上车，坐在奥皮身后，发动引擎，在加州沙漠上飞驰。

迈克是一位职业摩托越野选手，奥皮也是。摩托车越野赛是一项横跨全国的赛事。选手驾驶专门的越野摩托车，在起伏不平的赛道上竞逐。为保证比赛顺利进行，这些道路会被临时封闭。

迈克和奥皮的故事始于迈克35岁时。那段时间里，一切对迈克而言似乎都很不顺，他整天闷闷不乐。振作起来！迈克告诉自己。可是，他不知该如何做到。于是，他坐下来拿出纸和笔，列出了自己感兴趣的所有东西。

迈克读着自己写下的内容。他想："嗯，狗是第一位的，我需要一份能让我带着狗一起的工作。"

不久，迈克就辞去了电脑销售的工作，搬到加利福尼亚州圣地亚哥市。在那儿，迈克遇到了一位好心人，他让迈克免费住在一座老房子里。作为回报，迈克要帮他修理这座房子。不过，感觉还是缺少些什么，迈克需要一只狗来做伴。

　　碰巧有位女士要出售一只澳大利亚牧羊犬，于是，迈克给她打了电话。他们商定在一条乡间小路上碰面。

　　然后，迈克看见了那只狗妈妈和它的小宝贝。狗宝宝长着一双温柔的大眼睛，身上有黑色、棕色和灰色的斑点，脖子上有一圈白毛。它的两只眼睛颜色不同，一只是蓝色的，另一只是褐色的。迈克抱起它，嘴里模仿吃食发出的啧啧声响。这个小家伙伸出舌头，舔着迈克的脸。迈克付了钱，带着狗宝宝回了家。

迈克没有把这只狗当作宠物对待，他把它当作自己的朋友，甚至是兄弟。迈克给它起名叫奥皮，这是他小时候的绰号。第二天，迈克被一阵咕噜声吵醒。"你饿了吗，小伙子？"迈克问道。他把一些磨成粗粒的狗粮放进一个塑料碗，作为新朋友的早餐。然后他给自己也冲了一杯咖啡。

屋子里很乱。起居室中央摆着一张锯床，屋子的一侧堆放着一排木质螺栓，地板上是一堆堆散发着木屑香味的锯末。

迈克抓起一把锤子，开始工作。奥皮像跟屁虫一样尾随着迈克，布满尘土的地面上留下一行行爪印。后来，它蜷缩在迈克的工具箱里睡着了。

一天，迈克和奥皮开车到五金店买东西。

到那儿之后，迈克把奥皮放到了一辆平台式推车上。"乖乖待着别动。"他命令道。让迈克吃惊的是，奥皮非常听话。"它好像完全心领神会了。"迈克说道。

每到周末，迈克都会骑着越野摩托去沙漠兜风，带上奥皮一起。迈克认为奥皮应当不带狗链无拘无束地奔跑，也许，它应当去追逐蜥蜴和蛇。不过，奥皮追逐的目标却是迈克。它奔跑在颠簸的道路上，追着迈克上坡、下坡，伴着车辆扬起的灰尘，乐此不疲。

迈克决定购买一辆四轮越野摩托车，座椅要足够大，可供两人骑行，这样，奥皮也能骑了！不过，怎样才能避免奥皮被沙尘迷住眼睛呢？迈克自有办法。他把一只袜子从中间剪了一个洞，然后把一副防风镜穿过这个切口，再将袜子的两端系在奥皮的下巴下面。真是再合适不过了！奥皮跳到车座上，迈克载着它一路狂奔。

越野摩托车开动时发出的声音很大。其他的狗可能会讨厌这种噪声，它们可能会恐惧地跳下车座，而奥皮却不怕。

一个星期天，迈克没有像往常一样骑着摩托车去沙漠，而是去了加州的另一个城市圣巴巴拉。他的摩托车是那种大块头、开动起来隆隆响的哈雷摩托车。迈克已经有段时间没骑它了，因此，他围着街区先来了一个试驾。

"奥皮站在车库门口，异常兴奋。"迈克说，"它一直在叫，还跳个不停。"迈克刚把奥皮松开，它便一下蹿到了油箱上，让迈克着实吃了一惊。"好吧！"迈克边说边给了奥皮一个拥抱，"我带你去兜兜风。"

一开始，迈克骑得很慢，奥皮连眼皮都

没眨一眨。渐渐地，迈克越骑越快，奥皮依然能够保持身子挺着。当速度达到81公里/小时时，奥皮弯下身子靠紧车身。遇到弯道时，奥皮也会顺势倾斜身体。这只狗真是一个天生的骑手，迈克想。

迈克疾驶回家，一口气冲进屋里。他在拿另一个头盔时，发现头盔的后面翘起了一大块，正好适合奥皮的头。他给奥皮带上头盔、防风镜和背包。就在出门的时候，迈克又想起了什么。他转身找了一根绳子，把奥皮和自己绑在一起，以防这个家伙失去平衡。

到圣巴巴拉市来回大约480公里，这是一场长距离摩托骑行。迈克很好奇奥皮到底能挺多久。

太令人惊奇了！奥皮整个行程都坚持了下来。

酷知识

◆ 世界犬类智商排名（截至2007年底）：

1. 边境牧羊犬

2. 德国牧羊犬

3. 泰迪犬

4. 金毛寻回猎犬

5. 杜宾犬

6. 喜乐蒂（谢德兰牧羊犬）

7. 拉布拉多猎犬（导盲犬）

8. 蝴蝶犬

9. 罗威纳

10. 澳洲牧牛犬

11. 威尔士柯基犬

12. 迷你雪纳瑞

13. 英国跳猎犬

14. 比利时特弗伦犬

15. 史其派克犬/比利时牧羊犬

16. 苏格兰牧羊犬

17. 德国短毛指示犬

狗是疗伤的"良药"

　　狗狗能体会到主人的紧张或恐惧。英国伦敦大学的科学家告诉我们，看到你（主人）哭，狗也会难过，它会夹起尾巴，垂下头，依偎在你身旁，给你一个贴心的拥抱。你可以把脸埋在它柔软的毛里，它会舔你的脸颊。很快，你就会忘掉自己的烦恼，把注意力转移到狗身上，你甚至还会被狗逗笑。

迈克和他忠实的搭档"风驰电掣"的身影。

第二章

极速竞逐

下一个周末，迈克和奥皮重返沙漠。这一次，奥皮径直走向迈克的座驾，一下跳上了越野摩托。骑越野摩托要比骑普通摩托车或四轮摩托难得多，而且，在崎岖不平的道路上保持平衡既困难又累人。迈克决定让奥皮体验一下极速运动——没有一点问题！很快，他们便把你知道吗？

　　一般的狗能懂大约165个词。

　　迈克的越野摩托车队友们远远甩在了后面。

　　其他骑手提议迈克和奥皮一起参加埃尔西诺湖大奖赛。一部四十多年前非常受欢迎的电影就是讲的这项总长达100英里（161千米）的摩托越野赛事。如今，这一赛事的参加人数已经接近1000人。

　　在沙漠中体验骑行乐趣和参加比赛完全是两回事。"他们不会让狗参赛的。"迈克说。"他们肯定会允许的，他们也曾让别的动物参赛过。"朋友们坚持。最终，迈克同意试一试。首先要做的是为奥皮买身行头。没有人卖狗狗专用的越野摩托装备。不过，迈克给奥皮买了所能找到的最合适的头盔、防风镜和带软衬垫的骑行衫。

　　在十一月一个寒冷的早晨，迈克和奥皮驱

车踏上了前往加州埃尔西诺湖的路程。他们来到签到处，迈克付了参赛费，给自己和奥皮报了名，然后拿了两个腕带和三个有参赛号码的白色标签。迈克仔细地将标签贴在自己的越野摩托车上，然后，给自己戴上腕带，把另一个腕带戴在奥皮的前腿上。

迈克检查了一下油箱，然后预热引擎。奥皮跳上车，迈克慢慢地朝赛道骑去。人群散开，给他们让出一条路。

看着一排排戴着头盔、身着软垫骑行衫的选手，迈克大吃一惊。这些"战车"颜色都很鲜艳，有着深浅不一的轮胎花纹，犹如一排等待检阅的仪仗队。为了安全起见，迈克和奥皮选择了靠后的位置。比赛异常激烈，很可能会发生事故。迈克不想让奥皮有危险。

一位女工作人员拿着笔记板在选手队列里

穿梭，检查每一部车辆和骑手，看他们是否报了名，装备是否符合要求。当她来到迈克和奥皮面前时，不禁哑然失笑。一直到检查完，她还在笑。迈克和奥皮通过了检查。

每位骑手都在等着比赛开始。一些骑手已经在车座上跃跃欲试了，另外一些人在紧张不安地交谈或大笑。迈克在紧一下松一下地试手刹，奥皮则耐心地坐着，几乎一动不动。

最后，一位裁判用扩音器发令：比赛开始！一个人站在发令台上挥动绿色的旗子。第一组选手伴着摩托车的轰鸣出发了，身后扬起一股烟尘。旗子一次又一次地挥动，一组组的选手像脱缰的野马狂奔而出。马上就要轮到迈克和奥皮所在的这一组了。迈克身体前倾，重心前移，做好了准备。

旗子落下。他们像离弦的箭一般冲了

出去！

上坡道很快变成了泥泞赛段。迈克看见前面有成捆的干草和一串彩色的旗子。到折返点了。迈克和奥皮倾斜车身，迈克放慢了速度，伸出一条腿来保持平衡。他们前面的一位骑手由于骑得太快，车子陷进了泥里。迈克猛地转动车把避开了他。

整个比赛路段已经禁止其他车辆通行，专供比赛使用。赛道在不断变化，先是泥泞赛段，然后是公路赛段，接下来又是泥泞赛段。它忽而上坡，忽而下坡，有时突然一个急转弯，还有一个赛段甚至在镇中心。

观众聚集在赛道外的草坪上，戴着棒球帽的小孩子骑在爸爸的肩膀上，每个人都目不转睛地盯着呼啸的摩托车。当骑手疾驰而过时，人群就会发出欢呼声。"喂，快看！"有人大叫道，"有只狗也在参加比赛！"

人们挥动着手臂，大声叫着。当迈克和奥皮驶过时，欢呼声更响了。迈克从未听到过这样的欢呼声，他感觉自己成了摇滚明星。

赛事裁判站在沿途的各个检查站，挥舞着黄色旗子警告选手注意转弯处和十字路口。

越野赛险象环生。整个过程中，救援车辆会在赛道外巡逻，他们用拖车拖走事故车辆，救护车也在待命。

摩托车越野赛是对技能的大考验，制胜的关键是耐力而非速度。迈克告诫自己："我们不一定非要赢，但我们必须完成比赛。"正是因为有这种信念，他们一路超越了100多名选手。

迈克和奥皮最终到达了终点，胜利冲刺。迈克取下头盔，伸出手臂给自己的搭档来了个

狗狗勇士

摩托车越野是一项危险的运动，骑手很容易受伤甚至死亡，这就是它被称为"极限运动"的原因。除了要和他人竞赛，极限运动选手还要和自然"作战"，他们可能面临着狂风、巨浪、冰雪、严寒或者炽热，选手无论在体力和心理上都要很强健。

狗也可以参加极限运动。最知名的狗狗极限赛是艾迪塔罗德狗拉雪橇比赛。这项赛事在阿拉斯加举行，是1100英里（1770千米）雪橇狗越野赛。获胜者堪称真正的"顶尖狗"。

大拥抱。"好样的，奥皮。"他边说边亲了一下同伴湿湿的黑鼻头，"真是好样的!"

这的确是一只与众不同的狗，迈克想。它真的很了不起。这次比赛之后，迈克有了新的目标，他要让奥皮来帮助别人。

他带着奥皮去医院看望生病的儿童，他把奥皮作为一只治疗犬报了名。不过，迈克首先让奥皮做的是其他狗从未做过的事。他决定带着奥皮参加世界上最具挑战性的越野摩托车赛——在墨西哥举行的巴哈500越野赛。

参加巴哈500越野赛的费用不菲。单单参赛费就要一千美元，食宿和燃油费还要另算。迈克知道，单靠自己可负担不起，他需要赞助商。赞助商是能够帮助运动员承担相关费用，以帮助他参加比赛的个人或公司。作为回报，运动员要身穿并使用印有赞助商名称的服装和设备，以推广赞助商。不过，迈克如何找到赞助商呢？

酷知识

◆ **10部关于狗狗的感人电影：**

《狗狗与我的10个约定》

《忠犬八公的故事》

《灵犬莱茜》

《导盲犬小Q》

《狗狗的心事》

《卡拉是条狗》

《南极大冒险》

《丛林赤子心》

《人狗奇缘》

《冰狗任务》

对迈克和奥皮来说，泥泞不算什么，他们热爱在赛道上疾驰的感觉。

第三章

永不放弃

迈克和奥皮很幸运，他们碰到了愿意成为其赞助商的大"恩人"。好运在埃尔西诺湖大奖赛时就已悄悄降临。那天，迈克和奥皮正在赛道上驰骋，突然传来"哐当"一声！迈克回头一看，发现自己的消音器掉在了泥里！他把摩托车滑到赛道边，停了下来。

迈克跑过去捡起消音器。这

块金属非常烫，连迈克手上戴的皮手套都被它熔化了。"哎哟！"迈克扔掉消音器，沮丧地站在原地。没了消音器，他的摩托车引擎发出的噪音会把人的耳朵震聋。

一位陌生人走过来帮了大忙。他把一桶水浇在消音器上，让它冷却。还有人递给迈克一根鞋带，迈克用鞋带把消音器绑在了摩托车上。然后，他和奥皮重返赛场并最终完成了整个比赛。

赛后，迈克找到了那位帮助他的陌生人。他叫马提·莫科斯，以前也是一位摩托车手。马提一下子就喜欢上了奥皮，他决定帮助奥皮和迈克参加比赛。马提给了迈克一个新的消音器，并帮助他找到了赞助商。这些赞助商为迈克提供了狗粮、参赛装备和比赛的费用。

巴哈500和埃尔西诺湖大奖赛有很大的不

同。埃尔西诺湖比赛中，选手是围着同一个赛道进行计圈赛。而在巴哈500越野赛中，赛道从头至尾是不重复的，500英里（近805千米）的赛程是埃尔西诺湖大奖赛的5倍，选手需要佩戴手机，以备在迷路时使用。他们还需要有补给车辆，携带着运动员中途需要补充的食物和饮水。还有一个不同点是，巴哈越野赛有时间限制，选手们得在18个小时内完成比赛。

不过，最大的不同在于，在巴哈赛事中，参赛的车辆不仅有越野摩托，还包括被称为"ATV"的四轮全地形车、使用特殊轮胎的微型车、街头摩托、小汽车甚至卡车等，一些卡车像巨轮卡车一样硕大而彪悍。

巴哈赛事是令人畏惧的，选手们一秒都不能松懈。迈克认为自己和奥皮无法独立应对这项挑战，他们应当组一个团队来参赛。迈克的三位朋友伸出了援手，一位少年、一位军人和另一位越野摩托车手加入了阵营。他们将以接力的形式完成比赛——每个人轮流驾驶越野摩托，而奥皮和迈克是骑行距离最长的。

这个五人车队坐着迈克的旧货车来到墨西哥。抵达墨西哥后，一行人立即给货车装满补给，为迈克准备比赛用车。他们更换了机油，校准了引擎，仔细检查了轮胎和制动装置，测试了车灯，确保一切都没有问题。谁都不想看到车辆在沙漠中熄火。

迈克在训练奥皮，他已经教会了这位动物选手一些声音指令。现在，他们要演习一下。当他们需要跳跃时，迈克会命令道："准备了!"狗狗立刻俯下身，这样，迈克就能越过它的头顶看清前面的路况。

在陡峭的沙地丘陵下，迈克停下车。他

知道，摩托车在这样的赛段爬坡很容易向后仰翻。"先下去。"迈克告诉奥皮。奥皮跳到地上向前冲。迈克发动引擎，摩托车呼啸着冲上坡顶。奥皮已经先跑到坡顶，在那儿等着了。

迈克停下来，让奥皮跳上车，然后，他们继续前行。迈克露出会心的微笑。嗯，一切都很好，我们准备好了，他想。

比赛的时刻终于到来了。奥皮看上去就像一位整装待发的专业车手，它戴着特制的狗狗头盔，上面还装有一个相机。它的脖子上围着一圈软垫，同时还身着高科技、可充气的护胸。团队里的其他成员也都佩戴着专用的保护装备。

他们这样全副武装就对了，巴哈赛事绝

对堪称最狂野的云霄飞车比赛。整个赛道布满上坡、下坡、岩石、沙坑、泥沼、尘土和深沟。迈克的少年朋友只坚持了45千米，军人在骑了97千米后放弃了，另一位越野摩托车手骑了241千米。迈克和奥皮怎么样？他们始终不放弃——一千米一千米、一小时一小时地坚持着。

天黑前，迈克和奥皮还在疾驰，迈克要赶在太阳落山前抵达海滩。他紧踩油门，速度计飞快转动。当他们撞倒一个粉土层时，速度竟然达到了令人吃惊的121千米/小时。"在粉土层骑行就好像在面粉里穿行。"迈克说，"它会把你的车辆'吞掉'。"

摩托车的尾部被撞得直转，车子轰响着倒在地上，迈克和奥皮一起飞了出去。迈克重重地摔在了泥里，手臂直直地向前伸着。奥皮滚落到他的身旁。

迈克呻吟着爬到奥皮身旁，检查搭档的伤势。奥皮的鼻子和爪子上有擦伤，谢天谢地，不算太严重。迈克松了一口气。

这时，他才注意到自己流血了，血是从他小腿肚上的一个伤口流出的。

现在是做出抉择的时候了。他们应该继续比赛，还是就此放弃？迈克认为，这也是让奥皮自己做决定的时刻。没想到，这只意志坚定的狗竟然一跃跳回了车上。

那天，迈克和奥皮的骑行距离超过了322千米，他们提前十分钟到达了终点。奥皮成为第一只完成巴哈500赛全程的狗！

"这是我一生中做过的最艰难的一件事。"迈克说，"如果没有奥皮，我不可能完成这场比赛。"

迈克说这话的时候，奥皮淡定地摇着自己的尾巴。

酷知识

世界犬类智商等级排名特征解析

◆ **排名1~10的狗**

大部分听到新指令5次，就会了解其涵义并轻易记住。主人下达指令时，它们遵守的概率高于90%。此外，即使主人位于远处，它们也会在听到指令后几秒钟内就有反应。即使训练它们的人经验不足，它们也可以学习得很好。

◆ **排名11~26的狗**

通常要学习5~15次才能学会简单指令，它们遵守指令的概率约85%，对于稍微复杂的指令有时候反应会迟缓一些。当主人离它们较远时，它们的反应有可能也会迟缓一些，不过，即使训练人员经验不足，还是有办法将这些狗调教得很优秀。

狗狗急救小贴士!

假如你的狗受了伤，掌握一些狗狗急救知识会大有帮助。下面是一些小贴士。如果狗受伤了，一定要确保身边有个大人来协助你处理。

1. 务必记下当地兽医、动物急诊所以及中毒控制中心的电话号码

2. 列出狗狗常用的药品和针剂

3. 备齐罩住狗嘴巴的口套和布条（受伤的动物可能会咬人）

4. 备齐不粘面绷带

5. 备齐医用胶带

6. 备齐放在流血脚趾上的玉米淀粉（玉米淀粉可以用来止血）

7. 备齐毯子或毛巾

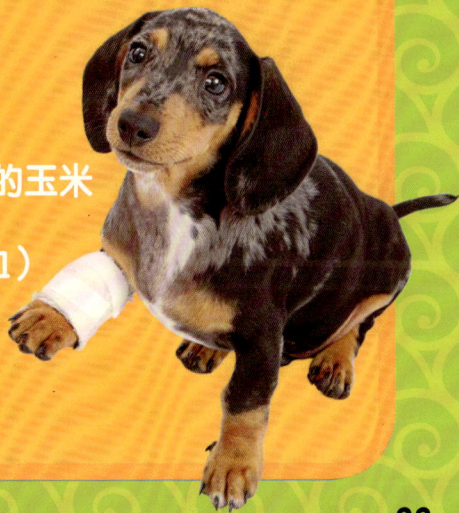

"响尾蛇"又名敦刻尔克·戴夫，是一只雌性土拨鼠。它就是在这个篮子里被发现的。

"响尾蛇"：帮助预报天气的土拨鼠

大多数土拨鼠长得都像图中这样，毛色呈灰褐色。不过，也有一些是黑色甚至白色。

第一章

顽强求生

2005 年4月，纽约敦刻尔克。

受伤的小土拨鼠惊恐地发着抖。有人用毯子把它包裹起来，放到了篮子里。几个小时前，这个小可怜还和自己的兄弟姐妹在草地里吃蒲公英。现在，它的家人都不见了，妈妈也不知道去了哪里，只剩下这个孤零零的受到惊吓的小家伙。

此时，鲍勃·威尔刚刚看望过自己的父母，正驾车回家。落日的余晖照在伊利湖上，晚霞伴着他一路前行。

到家了，鲍勃下了车，在房前走了一圈，他发现纱门边放着一个藤条篮子。"这是什么？"他好奇地朝篮子望去。"喔，不是吧！"原来是一只受伤的动物！

鲍勃是一位野生动物复健员。野生动物复健员是受过训练的专业人员，能够为需要救助的野生动物提供帮助。因此，人们常会把受伤的动物放到鲍勃家门口。有一次是一只断了翅膀的天鹅；还有一次，来求助的是一只失明的乌龟。这一次，这只小小的土拨鼠一下子触动了鲍勃的心。这个可爱的小东西让鲍勃回想起第一次救助过的土拨鼠。

那时，鲍勃只有10岁。他在田地里发现了一只受枪伤的土拨鼠，便把它带回了家。一定是有人伤了它。"这种动物挺讨厌的，"一位好管闲事的邻居说道，"你干吗要救它啊？"

这些话让鲍勃想哭。"每个动物都有活着的权利。"他辩解道，"土拨鼠不应被射杀。"到家后，鲍勃给这只土拨鼠仔细地包扎了伤口，还用一支滴管给它喂糖水。土拨鼠慢慢地恢复了过来。几个月后，鲍勃把它放回了大自然。

"这给了我一种力量。"他说，"我挽救了一个动物的生命！"

如今，15年过去了，人们仍在射杀土拨鼠，因为这种动物会在地里挖洞，有时还会偷吃庄稼。鲍勃难过地摇着头，把篮子拿进了屋。他把篮子放在一堆被称为"动物宿舍"的塑料笼子旁，然后走向药品柜。作为一个野生动物复健员，鲍勃的药品柜里装满了药品。

当他的室友兼助手比尔·弗奇回来时，鲍勃正在给土拨鼠清洗。比尔看见洗澡水中有血色。"出了什么事？"他问。

"我在门口发现了这个可怜的小东西。"鲍勃回答说，"有人想射杀它。"

比尔立刻动手帮忙。他用手抓紧受伤的小东西，不让它乱动，以便鲍勃为它包扎头上的伤口。受伤的小土拨鼠很虚弱，连眼睛都睁不开。比尔把它放到毛巾上，然后送进了动物宿舍，还在它周围放上热水瓶为它保暖。

那天晚上，鲍勃每隔两小时就起来给小土拨鼠喂一次食。白天，他要到学校教课，喂食的工作就由比尔负责。比尔在家工作，他和鲍勃经营着修理旧打字机的副业。副业赚的钱都用来购买动物食品和用品。

就这样，鲍勃和比尔轮流照看小土拨鼠。这个小家伙实在太瘦了，看上去简直是皮包骨，虚弱得连头都抬不起来。

小土拨鼠只能侧卧着，爪子无助地在空中"刨着"。鲍勃称它为"不能走路的小姑娘"，他决定带这个小可怜去看动物医生。

动物医生把这只瘦弱的、一瘸一拐的小动物放到桌上。他用手指拨开它身上的毛，检查它的伤口，然后又用光照亮它的耳朵进行检查，并轻轻按压它腿部的骨头。"它的伤口很干净，正在愈合。"动物医生说。

鲍勃听了很高兴。

不过，医生接下来的话又让鲍勃揪起了

饥饿的土拨鼠

土拨鼠被称为"贪婪的家伙"不是没有原因的。一只土拨鼠一天能吃掉0.5千克植物，可以毁掉一个花园。想要防范土拨鼠破坏花园，又不伤害到它们，可以试试下面的小窍门：

1. 在花园里播放收音机。

2. 让大人在花园里设置灯光和警示装置。

3. 沿着花园外围挖一条沟，架设高度约1.2米的铁丝网。其中埋在地下的约0.3米深，露出地面约0.9米。让铁丝网上部向外歪斜，这样土拨鼠就没法攀爬了。

心："子弹损伤了它的大脑，我担心它可能挺不过去。"

鲍勃的情绪一落千丈。他抱起可怜的小东西走回了家。鲍勃不打算放弃。

此后的两个月里，鲍勃每晚都起来给土拨鼠喂食。他用搅拌器把土豆和猴子饼干捣碎喂给小伤员。猴子饼干由坚果和谷物制成，很硬，但对土拨鼠的牙齿有好处。

一天，鲍勃将手放在土拨鼠的肚子上。他第一次感觉到这个家伙的小肚子变得浑圆起来。"哇！"鲍勃高兴地叫了起来，"我们的小姑娘正在渐渐好起来哩！"

现在它只要重新学会下地走路就行了。

6个月过去了。一天，鲍勃把"不会走路的小姑娘"和其他被救的土拨鼠一起放在地板上，他想，至少它能和自己的朋友们玩耍一下。

结果，这只土拨鼠小姑娘的举动令鲍勃大吃一惊——它模仿自己的同伴，试着要站起来。

鲍勃注视着这个小家伙。当它在原地摇摆时，鲍勃屏住了呼吸，当这只小土拨鼠跌倒时，鲍勃会发出失望的叹息。

这只坚强的小动物就这样一次次地站起，跌倒，再站起，再跌倒……

这一幕每天都在重复上演。鲍勃不相信这只小家伙会有如此顽强的意志，可是它就是不放弃。

终于有一天，它成功了。这只小土拨鼠真的站了起来！

几天后，它迈出了伤后的第一步，然后是第二步，第三步……当比尔看到这只小宝贝"重获新生"，不禁笑了起来。他开玩笑说："我们不会走路的小姑娘原来一直是在练习跑！"

这只是这只小土拨鼠面临的其中一个问题。由于大脑受损，它的脑信号很紊乱，这只勇敢的小土拨鼠只能转着圈走。

酷知识

- 土拨鼠日是一个由德国移民传到美国的预测天气的节日，原先并不叫这个名字。人们认为如果在圣烛节这天阳光灿烂，爬出洞的獾就会看到自己的影子，之后的6个星期，天气还会是冬季。如果獾看不见影子，就证明春天来了。随着德国人在宾夕法尼亚定居下来后，预测春天的光荣任务就交给了美国的原住民"土拨鼠"。

嘎巴嘎巴！"响尾蛇"啃着美味的莴苣。野生环境里，爱好素食的土拨鼠只吃植物。

第二章

土拨鼠日

鲍勃和比尔给这只小土拨鼠起了个名字，他们称它为"响尾蛇"，因为这个小东西不能走直线。一天晚上，鲍勃注视着睡在动物宿舍里的"响尾蛇"。他注意到，这个小家伙用毛巾的一角盖住了自己的嘴巴。怎么回事？鲍勃非常好奇。这时，他听到了轻柔的吮吸声。

"比尔，快过来。"鲍勃低声叫道。

比尔蹑手蹑脚地走了过来。他看了看动物宿舍，然后屏息听了一下。他也听到了那种声响，这只小土拨鼠正在吮吸着毛巾，就像婴儿吮吸橡皮奶嘴。现在，"响尾蛇"能站起来了，也能自己吃东西了，真是好样的！它能嘎巴嘎巴地咬胡萝卜，能大口吞下莴苣，玉米秸上的玉米粒也成为它的点心。

它还会吃柠檬蛋糕作为餐后甜点。问题是进餐时间简直没有尽头。野生土拨鼠在吃东西的时候是坐着的，"响尾蛇"不是。它咬一口食物，走上一圈，再咬第二口，就这样一圈圈地重复着。

有时，它甚至会踩到自己的食物，把胡萝

卜和饼干弄得到处都是，又有很多食物甚至一口未动。

这让比尔很担心，这种绕圈运动很耗体力，"响尾蛇"需要比其他土拨鼠吃更多食物才行。

鲍勃和比尔想了一个办法。吃饭时间一到，他们就把"响尾蛇"和食物放进一个大盒子。在盒子里，它只能走小圈。现在，它能用3小时吃完饭，不再像以前一样一顿饭能耗上一整天。

土拨鼠日是每年的二月二日，那段时间正好是冬季。人们已经厌倦了寒冷的冬日，渴望春天早点来临，他们希望找一个理由来庆祝一下。你可能已经猜到了哪种动物成为这一庆祝活动的主角！是土拨鼠！

鲍勃和比尔负责为纽约州寻找土拨鼠，这

还要追溯到1967年。那一年，鲍勃把他救下的一只土拨鼠带到了学校，展示给学生们看。

学校管理员很兴奋，给报社打去电话："我想向你们爆料！"报社立即派记者来到学校。

记者用小镇的名字命名这只土拨鼠——敦刻尔克·戴夫。他问鲍勃这只土拨鼠是否能预测天气。

也许敦刻尔克·戴夫能成为纽约版的庞苏托尼·维尼·菲尔！

"菲尔"也是一只土拨鼠。它生活在宾夕法尼亚州的小镇庞苏托尼·维尼。每年的土拨鼠日，人们把它带到室外来预测天气。

这是一项古老的习俗，源自德国。当时，人们会在每年的二月二日举行一个称为"圣烛节"的节庆活动。这一节日和天气有关，也与一种被称为"獾"的动物有关。如果在圣烛节这一天阳光充足，这种啮齿类动物能看到自己的影子，就表明未来6周内天气仍将保持严寒；如果当日多云，獾没有看到自己的影子，则意味着"春天的脚步近了"！

当德国移民来到美国后，他们希望沿袭这一传统，可是在美国找不到獾这种动物。于是，他们选择了土拨鼠。十九世纪时，宾夕法尼亚的农民开始使用土拨鼠代替獾来预测天气。每年的二月二日，他们都要观察一下土拨鼠能不能看到自己的影子。这一天，他们还会举行野餐、郊游等活动。

野餐的规模一年比一年大，连报纸都会刊发相关报道。越来越多的人想知道土拨鼠能否看到自己的影子，于是，越来越多的州开始庆祝土拨鼠日。在纽约州，敦刻尔克·戴夫成为这一活动的大明星。

土拨鼠的寿命只有大约15年，因此，曾有许多土拨鼠都担任过"天气预报员"。

"拥有一只在万众瞩目下仍能保持淡定的土拨鼠至关重要。"鲍勃说。胆小受惊的动物可能会咬人。

鲍勃认为，"响尾蛇"应该是担此重任的不二之选。为了验证一下自己是否"慧眼识珠"，他带着这只小土拨鼠来和自己的学生见面了。

鲍勃班上的孩子们都是需要特殊关爱的残障儿童。他们彼此之间很疏离，有时，他们甚至感到自己被抛弃了。不过，当鲍勃把"响尾蛇"带到班上之后，一切都起了变化。每个人都想看看这个小东西是如何转圈圈的。他们排着队来抱这只可爱的小动物，"响尾蛇"成了

天气常识小测试

今天，我们可以借助电脑来预测天气。不过，很久以前，人们只能依靠观察动物来发现天气变化的征兆。以下这些征兆，你知道哪些是真的吗？

1. 蟋蟀鸣叫声加快，预示着天气将要转暖。

2. 青蛙不停地呱呱大叫，表明大雨即将来临。

3. 瓢虫成群出现，说明当天天气晴暖。

答案：以上全是真的。

53

大家的最爱。

"你的毛可真柔软啊。"一个小女孩赞叹道。

"瞧你的大板牙！"一个男生开着玩笑。

兴奋的情绪在全班蔓延开来。"威尔老师的班在干什么？"一位从走廊经过的男生好奇地问道。他从窗户偷偷向教室里望去。

一下子，许多孩子都拥进鲍勃的教室，"响尾蛇"让鲍勃班上的学生一下子有了被重视的感觉。

在某些方面，"响尾蛇"和这些学生有着相似之处。它也曾经是一只残障动物，靠自己不懈的努力才学会了生活技能。鲍勃向学生们讲述"响尾蛇"是如何永不放弃的，这只小动物的故事给孩子们带来了希望。如果他们不断尝试，永不放弃，他们也一定能战胜所有的困难。

那一天结束的时候，鲍勃对自己的测试很满意，"响尾蛇"在陌生人面前淡定自若。鲍勃想，这个小东西一定会在土拨鼠日成为全新的"敦刻尔克·戴夫"。

酷知识

◆ 1887年至今，土拨鼠预报天气的准确率只有39%。天气是由空气团、风的流动、空气中的水分和其他许多因素决定的，而不是由土拨鼠决定。不过，你应该早就知道了吧。

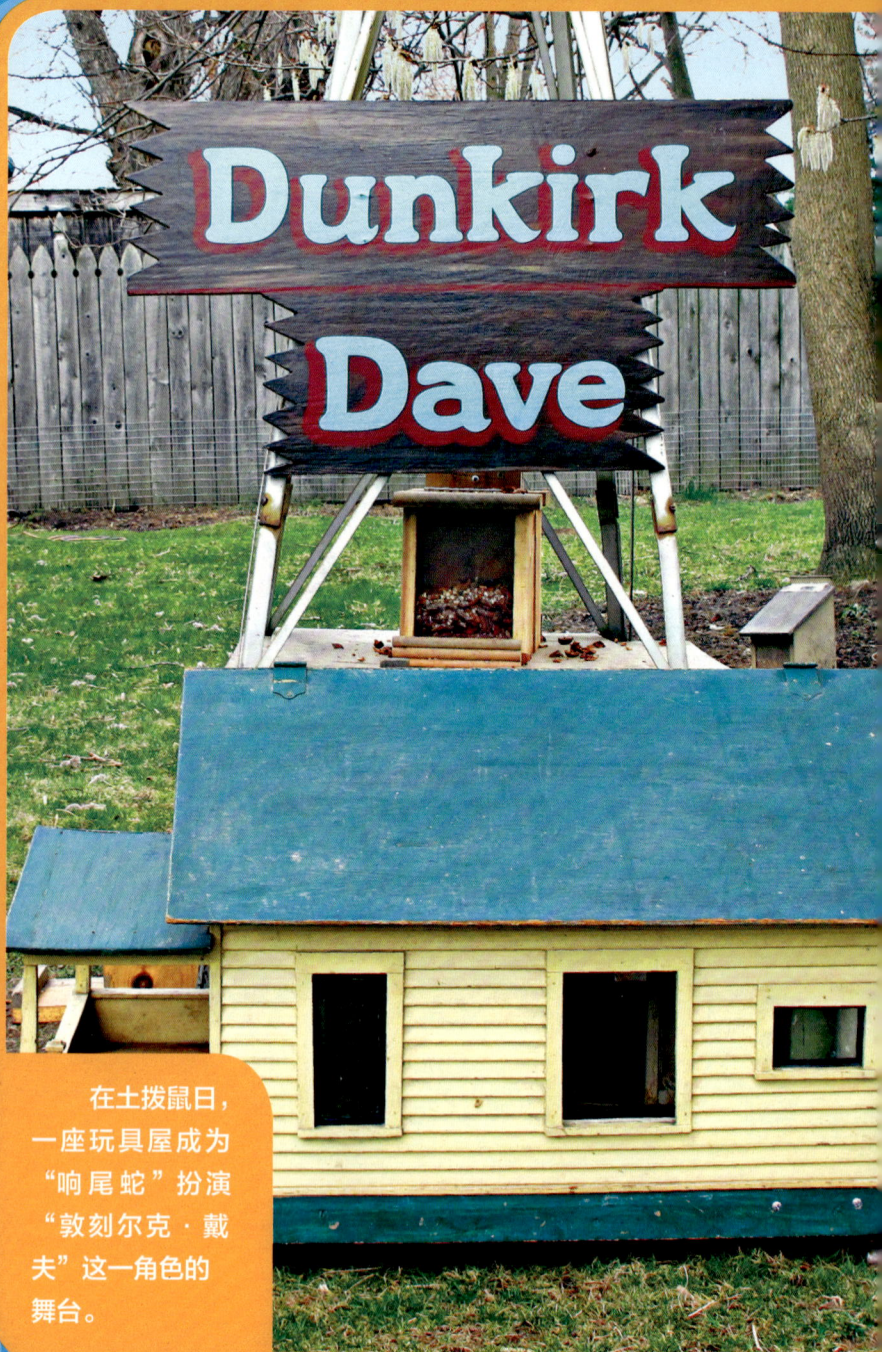

在土拨鼠日，一座玩具屋成为"响尾蛇"扮演"敦刻尔克·戴夫"这一角色的舞台。

第三章

明星诞生

土拨鼠日终于到了。这一天可是"响尾蛇"的大日子！鲍勃和比尔天还没亮就起床了。比尔先巡视了一下他救助的松鼠和其他动物。他把水倒在碟子里喂给动物们喝，然后给它们更换了睡觉的垫子，并给它们喂了药。突然，他听到"响尾蛇"的宿舍里传来很大的"哐当"声。一定是"响尾蛇"想要食物了，比尔想。

"可能它饿坏了。"鲍勃大笑着说，"今天它不用急，太阳升起来后，它可有一大堆的食物要吃呢。"

"响尾蛇"还在一下一下地猛撞动物宿舍的大锁。哐当！哐当！哐当！我的早餐在哪儿啊？哐当！哐当！哐当！

这大锁可不是餐铃。不过，在"响尾蛇"看来，它就是。这种小伎俩是它自学的。一天，在它猛撞那个大锁之后，食物就出现了。啊哈！下一次，当它猛撞那个大锁后，食物又出现了。人们意识到它要吃饭了，就会来喂它。因此，只要一饿，"响尾蛇"就会猛撞那个大锁。鲍勃和比尔很乐意满足这个小家伙的食欲。不过，今天可不一样。

这是一年中"响尾蛇"必须保持耐心的一

天。今天，它要扮演敦刻尔克·戴夫，从鲍勃家后院的土拨鼠洞中爬出来预测天气。大家都在翘首以待呢，每个人都渴望看看这只土拨鼠能否看到自己的影子。

土拨鼠日的前一天，鲍勃还在担心。冬末的天气已转暖，鲍勃家后院的积雪已经融化。地面光秃秃的，野生动物都出来觅食了。鲍勃看到一只狐狸经过，还看到一只臭鼬。无论是狐狸还是臭鼬，都可能钻进他家的院子，威胁到"响尾蛇"。因为狐狸和臭鼬都吃土拨鼠！鲍勃绞尽脑汁想着保护"响尾蛇"的方法。

他突然想起母亲的一个老式玩具屋。当母亲还是个小姑娘的时候，她的父亲给她做了这个玩具屋。鲍勃找到这个玩具，把它搬到了后院。在把它放下之前，他犹豫了一下。这可是祖父一百年前做的东西啊，这样做是不是太对不起他老人家了，鲍勃想。不过，妈妈会理解的。

他拿起一把锯，在玩具屋的底部锯开一个洞，这个洞和土拨鼠洞一样大。然后，他把玩具屋放到了土拨鼠洞上。

现在，万事俱备，只待好戏开演了！鲍勃把"响尾蛇"带到室外。"客人们马上就来了！"他告诉这位"小预言家"。

外面还是漆黑一片。鲍勃打开玩具屋的屋顶，把"响尾蛇"放了进去，然后把玩具屋的屋顶盖上。这下小土拨鼠就有了一个安全、舒适的窝了。玩具屋的后面立着一架小风车，风车顶上垂着一个牌子，上面写着"敦刻尔克·戴夫"。

鲍勃回到屋里，换上最好的外套。

他仔细打好领带，梳理好头发。当他把面

包圈和咖啡摆到桌上，空气里立刻充满了咖啡的香味。他还为孩子们准备了礼物——毛绒土拨鼠手指玩偶。

每个来访的孩子都会得到一个玩偶。鲍勃希望借着今天这个场合让人们不再认为土拨鼠是讨厌的动物，他希望这能有助于阻止人们捕杀土拨鼠。

鲍勃听到了汽车引擎的轰鸣声。他透过玻璃门向外望去，一辆白色的新闻采访车已经停在了屋前，鲍勃看到摄影师、记者、大学生、家长以及小学生都聚拢到自己的院子里。他打开门，走进了人群。每个人都在等待着太阳升起的那一刻。

太阳终于升起来了。鲍勃蹲在玩具屋旁，他在地上放了一个装着莴苣和柠檬蛋糕的纸盘

土拨鼠大"揭秘"

1.与老鼠和海狸一样，土拨鼠也属于啮齿类动物。

2.土拨鼠的牙齿会终生生长。

3.土拨鼠也被称为美洲旱獭。

4.土拨鼠一生中大部分时间都生活在地下。

5.土拨鼠会冬眠。

6.土拨鼠能游泳。

7.土拨鼠能爬树。

8.废弃的土拨鼠洞往往成为狐狸、臭鼬和蛇的栖身地。

9.土拨鼠喜欢晒太阳。

子，然后把手指放在嘴唇边，"嘘！"他示意大家别出声。

人群立刻安静了下来。鲍勃在玩具屋侧面敲了敲。一个棕色的小脑袋出现在窗口，一只小眼睛向外张望着。

鲍勃轻轻拍着纸盘子。"宝贝，没看到柠檬蛋糕吗？"他说。

土拨鼠能够听到人类听不到的声音。"响尾蛇"在仔细听着。如果有任何让它感到恐惧的东西，它就不会出来。

每个人都在等待。

"响尾蛇"的腮须抽动了几下。它转过头，舒展着身体，就像一根大香肠。噗通！"响尾蛇"从玩具屋的窗口一跃而出。

它一口一口享受着美味的柠檬蛋糕。

鲍勃望了望多云的天空，又看了看"响

尾蛇"。他没有看到响尾蛇的影子。"今年的春天会来得早！"他大声说道。人群发出欢呼声。

电视台的人员开始收拾设备，一些人走上前边抚摸"响尾蛇"，边和鲍勃交谈。最后，人群都散去了。

"响尾蛇"已经引起了轰动，现在，它是一位大明星了！很多人在网络上观看它的视频和图片。加利福尼亚的一位记者听到这只残疾土拨鼠和帮助它的人的故事，远道而来要采访他们，其他报纸也转载了有关它的报道。如今，鲍勃、比尔和敦刻尔克·戴夫这几个名字已经家喻户晓。

也许，"响尾蛇"还在转着圈圈，不过，它的故事像箭头一样指示人们笔直向前。它的行动告诉人们："看看我吧，我们土拨鼠值得你保护！"

◆ 1956年2月2日早晨8点，在安大略威尔顿城的郊外，当地一个叫威利的农民偶然发现许多冬眠的土拨鼠都从洞穴中探出了头，威利根据传说进行了观察，发现了土拨鼠的影子，果然，当年的春天过了6个星期才到。这个消息很快传遍了全城，然后就是全世界。从1960年起，每年2月2日的8点，来自全球通讯社的记者都会聚集威尔顿等待土拨鼠的天气预报，而威尔顿城的商会借机筹办了一个欢庆活动，并把2月2日定为土拨鼠日。现在，这个节日的规模和影响力与日俱增，成为加拿大一个著名的节日。

这些酷猫
正在准备表演
摇滚，喵呜！

图娜：玩摇滚的猫咪

图娜准备"一展歌喉"，不为别的，只为它最爱的美味——金枪鱼！

第一章

天生有才

2003 年，伊利诺伊州芝加哥。

这只长着一双绿宝石般大眼睛的白色猫咪端坐在纸板箱上，看上去非常可爱。它叫图娜。虽然这是个陌生的地方，它还是轻快地坐下，一点都没表现出紧张。

明亮的灯光从金属灯柱顶端

倾泻下来，让这只小可爱周身散发出一种温暖的光泽。图娜在拍摄自己的"大片"。角落里，一只喘着粗气的狗正等待上场。

"大多数的猫都坐不住。"图娜的主人莎曼珊·马丁说。莎曼珊是爱猫之人，事实上，她爱所有的动物。她在大学学的是动物饲养专业，她的梦想是为影视界训练动物明星。当一位摄影师需要一只猫咪拍摄宠物食品广告时，莎曼珊喂养的小猫图娜试镜成功。现在，摄影师像"猎手"一样带着相机围着图娜团团转。

莎曼珊屏住呼吸，心里默念着：图娜，千万别乱动。

这只勇敢的小猫真的一动不动，像超级明星一样摆着姿势。

"真棒！我拍到了一些好照片！"摄影师兴奋地说。

莎曼珊终于舒了一口气。她打开一瓶金枪鱼罐头，犒劳自己的小明星。图娜狼吞虎咽地吃了起来。

在图娜之前，莎曼珊还训练过一群小老鼠。她的私家动物园里还有一只会打篮球的浣熊和一只会升旗的土拨鼠。她还曾训练过鸡、鸭、鹅，让它们学习演奏小乐器。不过，这些"动物达人"们都没有大红大紫，没有为"星妈"莎曼珊赚来足够维持它们生计的钱。

要进入演艺圈，莎曼珊需要训练更受欢迎的动物。观察了图娜的一举一动后，她认为这个小家伙是个好苗子。猫演员一直供不应求，别人能够培养出动物明星，为什么莎曼珊不能？

"图娜，我要让你一举成名。"莎曼珊信心满满地说。

第二天，莎曼珊给图娜带来了一大堆鱼，不过，她只给了图娜"刚够塞牙缝"的几条。接下来，她在图娜面前不停地挥舞一根长杆子。

图娜时而跳跃，时而猛扑，不停地追着杆子。一旦图娜的爪子碰到杆子，莎曼珊就会按下响铃，然后给这个小家伙奖赏几条鱼。他们这样练习了几次之后，果然奏效了！图娜终于意识到，只要自己碰到杆子，就会得到美味的鱼。

第二天，莎曼珊拿来了一个手动按铃，她把按铃安在杆子上。当图娜碰到杆子时，它什么也没得到。当它再次碰到杆子时，依然一无所获。图娜皱起眉头，使劲摇着尾巴，急得团团转。叮咚！图娜偶然碰到了按铃，莎曼珊给了它几条鱼。在搞清楚莎曼珊想让自己做什么之前，图娜还得好好学上几节课。

最后，当图娜真正学会去按响铃铛时，莎曼珊给了它一顿大餐作奖赏。

现在，图娜学会了它的第一项"才艺"。

训练过程中，这个小家伙不停地在叫。图娜过去从不咕噜咕噜地叫，一定是这个训练让它很开心，莎曼珊想。多数情况下，图娜的脾气都很暴躁。当莎曼珊抱起它时，图娜会想方设法从她怀里挣脱。如果莎曼珊要挠它的耳根子，图娜会摇着头跑开。而现在，当莎曼珊吹响训练哨，图娜会立即跑过来。它很快就掌握了一项又一项的小"才艺"。

"图娜，你真棒。"莎曼珊鼓励这个"未来之星"。

不过，如何让更多人看到图娜的"才艺"呢？得想个办法。

莎曼珊打点好图娜的道具，在宠物箱的一侧醒目地写上图娜的大名，然后带着图娜直奔加利福尼亚。他们要去参加一个云集众多宠物爱好者的大型展会，莎曼珊希望借此机会让图娜一展身手。

展会现场人山人海，莎曼珊拖着图娜和道具在人潮中穿行。他们经过了 一只站在金属桌上的长毛狗、一层层叠放的大鱼缸，还有在金属笼里呼呼酣睡的仓鼠。莎曼珊对这些宠物视而不见，她需要为图娜找到一块最佳表演场地。

最终，莎曼珊相中了一个空的工作台。她把宠物箱和道具放下，然后大声招呼经过的人："嗨！快来看看我的猫咪，它需要一份工

宝贝，让我们击一下掌

　　你可以训练猫咪和自己击掌相庆。让你的父母去宠物店买一个响板和一袋猫粮，然后，和猫咪坐在地板上，用一只手握住响板，另一只手抓起猫粮，在猫咪面前轻轻摇晃。当猫咪扑过来抓猫食时，按下响板，给它猫食。就这样反复练习。很快，当你按响响板时，甚至无需给猫食，你的猫咪就会向你挥爪致意。

作。"一些人围拢过来。莎曼珊打开宠物箱，用图娜喜爱的美食引它出来。这只"身怀绝技"的小猫咪旁若无人地按响铃、翻跟头、钻铁圈。人群中传来了笑声和掌声。莎曼珊舒心地笑了起来，好样的，图娜终于"学有所成"了！也许好运就要降临，也许图娜会被"星探"发现而成为演员。不过，在"星探"出现之前，一只狗先"光临"了图娜的场子。

图娜僵在了那里。这只狗竟敢入侵自己的地盘！莎曼珊还没来得及阻止，图娜便"嗖"的一下蹿到了狗背上。喵呜！它用利爪猛抓入侵者。

可怜的狗落荒而逃，图娜还在尖叫。

这一幕让莎曼珊惊呆了。这一切发生得非常突然，莎曼珊就那样呆站在那里，任由猫、狗的碎毛乱飞。然后，图娜跳回台子，莎曼珊把她放进宠物箱，关上了箱门。狗的主人也拉着自己的宠物离开了。

经过这一战，莎曼珊决定给图娜拴上猫链。他们被邀请去图书馆、学校和生日聚会上表演。这些演出的费用都不高，不过，至少给了图娜实践的机会。莎曼珊祈祷好机会快些来临。

酷知识

- 猫的眼球比人的短而圆些，视野角度比人眼更宽阔。猫的瞳孔可以随光线强弱而扩大或收闭，在强光下，猫眼的瞳孔可以收缩成一条线，而在黑暗中，猫的瞳孔可以张得又圆又大。猫眼底有反射板，可将进入眼中的光线以两倍左右的亮度反射出来。

头向下低，爪子并在一起，图娜就这样飞身跃过障碍。

第二章

追逐星梦

图娜热爱表演，不过，巡回演出的花费不低。莎曼珊不能靠其他工作挣太多钱，因为图娜几乎占去了她全部的时间。莎曼珊不知道自己还能这样坚持多久，直到有一天，她接到了一个令人兴奋的电话。"我在互联网上找到了你的电话号码。"对方说，"我需要一位猫演员。"电话那头是一位佛罗里达的大学生，名叫黛娜·布宁。黛娜要拍一部短片作为课堂作业，是一部惊悚片，片名是《齐克》。影片的主角是一位男士和他的猫。

"是付费演出吗？"莎曼珊问。

"是的，我们有制作预算。"黛娜回答道。

"好的，我们愿意演！"莎曼珊兴奋地答应了。

"没有那么快。"黛娜解释道，"还有4只猫在试镜，我想看看图娜能做什么。"

黛娜给莎曼珊寄来了剧本。图娜要演的是一只邪恶的猫，它要看上去凶狠易怒。这对图娜来说是小菜一碟，它天生就是一只不安分的猫。不过，它还需要适时抿嘴、龇牙低吼假装撕咬、仰躺着将前腿伸过头顶，还要在其他演员围着它表演时保持镇定。

莎曼珊不知道，面对着硕大、陌生的摄影机，图娜是否能保持淡定。

莎曼珊决定不放弃这个机会。她教了图娜一些拍摄技能，图娜学得很快。

向世界展示图娜新"才艺"的时刻很快就到了。莎曼珊让图娜免费表演，以便让这位"演艺新人"熟悉在陌生环境里表演的感觉。图娜表演的次数越多，就变得越勇敢。莎曼珊把这些表演录下来，寄到佛罗里达。黛娜对这些候选猫咪进行了仔细研究。一天，她给莎曼珊打来了电话。

图娜得到了那个角色！

"另一只猫有些太萌了。"黛娜说，"我们喜欢图娜的那股邪劲儿。"

此后，莎曼珊和图娜去了佛罗里达两次。图娜表现得很好，影片顺利完成，几乎每个场景里都有它。

　　莎曼珊很为她的猫咪感到骄傲。她希望某一天能收到来自好莱坞的片约。

　　不过，几个月过去了，一个电话都没有。"别担心，图娜。"莎曼珊安慰它，"你会有机会，只需等待。"

　　图娜似懂非懂地眨了眨眼睛。

　　莎曼珊开始带着图娜参加每月一次的电影节。她会分发宣传单，并竖起易拉宝来展示图娜。有时，一些演艺界的人士会参加这类活动，说不定其中某一位需要一位猫演员，图娜就有机会参演下一部电影了。

　　同时，莎曼珊还教会了图娜拨弄小吉他。一天晚上，莎曼珊带着这只猫咪来到一家餐厅剧场。里面的人在推杯换盏，高声谈笑，一支乐队在隔壁房间演奏。

莎曼珊想知道图娜是否能在这样嘈杂的环境中表演。

当她打开宠物箱，真不错！这位动物音乐家径直走向了自己的吉他。图娜弹起了吉他，仿佛它是这里唯一的表演者。

莎曼珊突然来了灵感，我要组建一支猫乐队！就这么定了。莎曼珊有一些鸡鸭鹅"乐手"们玩剩下的小乐器，她要做的只是训练更多的猫来演奏这些乐器。

麻烦的是，莎曼珊的新猫并不都像图娜一样。在家里的时候，猫咪达科塔、朋克和纽伦大部分时间会"黏在一起"，不过，在观众面前，这些小家伙还会这样吗？受惊吓的猫通常会躲在宠物箱里不出来。

莎曼珊不知道为什么猫如此胆小。她该如

何让这些"喵星人"感到安全？她尝试了几种不同的方法，但都不奏效。也许她应当解散这支乐队，让另一只猫和图娜组成二人组。但这还是不行。

莎曼珊不得不设法在不同的表演场地营造相同的感觉。最后，她有了一个主意。她买了一块柔软的塑料地板。在家里，她把它铺在厨房餐桌上，把乐器放在上面。这些猫渐渐习惯了表演时脚下踩着软塑料地板。

如果有外出的表演，莎曼珊会卷起地板，随身携带它。

现在，无论去哪里，地板的感觉总是不变的。"只要它们脚踩塑料地板，一切都OK。"莎曼珊如是说。

一天晚上，莎曼珊在互联网上放了一条广告："我们会表演猫咪马戏，我们的表演只需要一个场地就可以了。"

几天后，莎曼珊打开电脑，太棒了！一家当地的艺廊为她提供了场地。莎曼珊和她的乐队带上塑料地板和一个布背景出发了。如同在家里一样的感觉让这些猫咪乐手充分放松，像摇滚明星一样尽情演奏。

它们的表演受到了大家的喜爱，很快，演出邀约便纷至沓来。

莎曼珊给这支猫咪乐队起名为"摇滚猫"，这是美国唯一的一支成员全部由猫组成的乐队。4位乐手一周要演好几场。莎曼珊默默地祈祷有更大的机会能降临到这些"猫演员"身上，她始终坚信，如果有一位大人物能发掘它们，它们一定会更红。

一天晚上，一位驯狗师给莎曼珊打来电

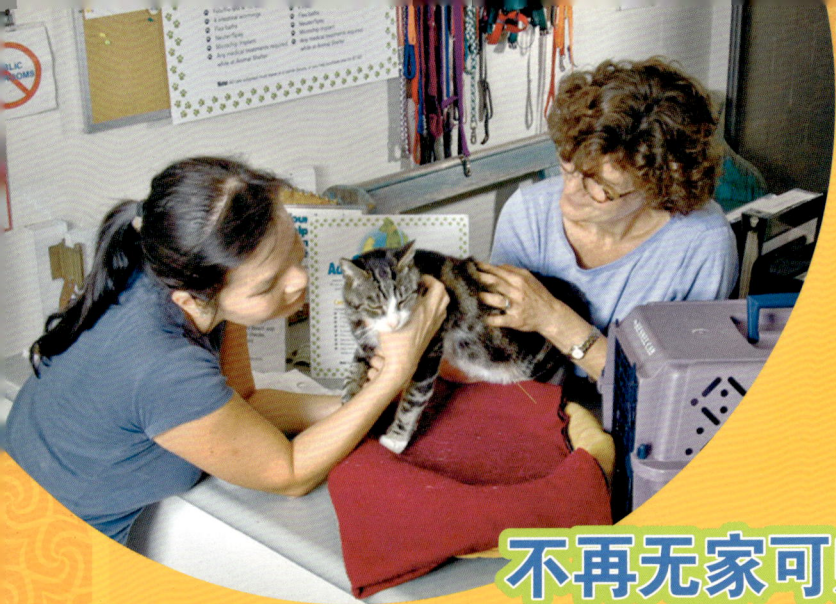

不再无家可归

　　动物收容所里住满了无人认领的猫咪，远远超出了收容极限，因此，许多猫不得不被杀掉。这让莎曼珊很难过。她把一些猫带回家，教它们一些"才艺"，然后让它们上台展示。这些表演赢得了人们的掌声和欢笑，一些人会提出收养这些猫。

　　莎曼珊让85只猫咪有家可归。其中一只猫咪真的非常与众不同，它会弹钢琴。"当主人回家的时候，它会为主人弹上一曲。"莎曼珊说。

话，他曾在两年前的一次宠物展会上和莎曼珊见过面。

"密苏里州布兰森的一个剧场举行一场波波维奇的马戏表演。不过，演出方有事，临时取消了演出。我建议他们让你们顶上。"

"布兰森！太好了！"莎曼珊兴奋地举着拳头手舞足蹈。

"哇！快醒醒，图娜，我们的好机会来了！"她大叫着。

与"摇滚猫"同台表演的其中一位嘉宾是一只会打手鼓的鸡。

第三章

完美演出

莎曼珊和助手把一大堆道具放进她那辆旧货车，最后把宠物箱也装了进去。这些宠物箱里住着 13 只猫、一只鸡和一只土拨鼠。莎曼珊排练了一小时长的节目，包括"摇滚猫"乐队的演奏和称为"肥猫秀"的马戏节目。

刚到布兰森，莎曼珊就看到了一块醒目的广告牌，上面有一位戴着高帽的人和许多猫——这人就是大名鼎鼎的波波维奇。

演出就要开始了，数以百计的观众拥入剧场。工作人员向大家通报说波波维奇的猫咪马戏临时由"摇滚猫"的演出替代。观众发出一阵不满声，他们来就是为了看波波维奇的马戏表演。

莎曼珊从幕后偷偷往外看，观众的反应让她感到异常紧张。后台也是充满火药味。参加演出的还有另外两组动物马戏团。其中一位动物训练师抱怨说莎曼珊的猫总是围着自己的鸟儿转，另一位则对莎曼珊那一大堆杂乱的道具怨声载道。

甚至莎曼珊的猫咪们也感到了紧张。

大幕缓缓拉起，莎曼珊带着图娜走上舞台。糟了！这位动物超级明星竟然卡壳了。

图娜的开场表演本来应当是推一个拉杆来点亮一盏灯，可是这个家伙竟然咬起了道具上的一个金属片。

"图娜，开灯。"莎曼珊催促着。

"快去开灯。"

图娜慢吞吞地挪了过去，懒洋洋地碰了一下拉杆。什么也没有发生。图娜朝自己的宠物箱走去。

观众开始骚动。

"图娜！"莎曼珊边叫边比画着。

图娜在半路停了下来，它伸展着四肢，开始给自己梳理容颜。

"图娜！"莎曼珊的脸羞愧得发烫。最后，图娜总算按照她的指令把灯打开了。

不过，更糟糕的事情还在后面。在表

演数数时，达科塔突然不打鼓了。"啪！啪！啪！"恼羞成怒的乐队同伴不停地用力拍打它。

面对黑压压的观众，演出立时演变成一场现场版的猫族大战。

图娜仰着头，没有加入战斗。它没有摇铃，而是用爪子洗起了脸。

莎曼珊闭上眼睛叹息道："这下全完了，我们演砸了！"

邀请"摇滚猫"来演出的那位先生将莎曼珊拉到一旁，指点道："赶紧换上衣服，要学会顺其自然，这些猫不听话的时候，就赶紧上去讲个笑话。"

莎曼珊不住地点头。不过，她心里却打起了鼓。也许我真该找个正常的工作来做，她心想。

最后，这次演出总算应付过去了。莎曼珊打点行李踏上归途。

在莎曼珊驾车返回芝加哥的路上，图娜坐在她的身旁，身子扭向一边。莎曼珊知道此时最好别去安抚它。但她喜欢这只猫咪陪在身旁。她记得图娜在影片《齐克》中那"慑人的凝视"，她拍下了这只明星猫咪在舞台上表演的精彩瞬间，她还会时时想起图娜所掌握的许许多多的"才艺"。

你知道吗？

借助胡须这个探测工具，猫在黑暗中也不会迷路。

图娜非常聪明，莎曼珊提醒自己。它热爱表演，它也许是美国最好的猫咪演员。

想到这里，莎曼珊笑了，挺直了后背。她不会轻易放弃。

在接下来的5年里，莎曼珊和她的猫咪们一

直四处奔波。它们在艺廊和小剧场演出，每次演出都能获得观众的良好反响。

图娜现在已经相当出色了。

2012年春天，马戏表演在新墨西哥州圣达菲可容纳 500 名观众的剧场举行！这个演出场地几乎和布兰森那家剧院一样大。莎曼珊异常兴奋。

虽然星期四晚上首场演出时，大部分座位都是空的，图娜的表演依然非常精彩！它征服了整个舞台！

演出成功的消息不胫而走，星期五、星期六、星期日……观众一天比一天多起来。

人群向着剧场聚集——推着助步车的老奶奶，身着扎染T恤的长发男士，推着折叠婴儿车的年轻夫妇……开演前15分钟，门票销售一空。

招财猫

在日本，人们喜欢在自家前窗位置放上一尊猫的雕像，它被称为"招财猫"。这尊可爱的雕像看上去就像一只坐着的猫咪在挥手说再见。在日本，挥手表示"招来"的意思。

这尊可爱的雕像背后，是一个宠物猫拯救主人的故事。人们热爱那个古老的传说，他们用"招财猫"作为好运的象征。

"招财猫"真的灵验吗？可能未必。不过，对猫而言，这可是荣耀和幸运。

剧场内，整座舞台犹如一个猫咪乐园。马戏凳、绷索、跳栏、斜坡以及爬杆都已布置就绪，点缀着闪亮星星的红色幕布前摆放着小乐器。

伴着欢快的音乐，莎曼珊走上了舞台。她穿着一件黑色的猫服和一对毛毡制成的猫耳。"现在有请图娜！"她大声报幕。

戴着闪亮领结的超级猫明星图娜神气活现地走了出来。它打开灯，用后腿撑地站了起来，做了一个欢迎的姿势。其他的猫咪鱼贯而出。

它们表演了走钢丝、踩滑板和爬绳子。

观众不时发出兴奋的尖叫声。

现在轮到压轴大戏——"摇滚猫"登场了。莎曼珊逐一介绍乐队的成员："朋克，吉他手；达科塔，架子鼓手；纽伦，键盘手，"最后，她指着坐在最前面举起爪子的图娜，

"图娜，铃铛手。"

莎曼珊挥舞着指挥棒，"音乐会"正式开始。"它们的确有点五音不全，不过，它们的确在合奏。"莎曼珊微笑着说。

莎曼珊话音刚落，达科塔便停止了演奏。它躲到鼓后面，看上去好像随时准备逃离舞台。

莎曼珊知道怎么应付这种局面。她转向观众，微笑着说："猫咪可不想白演。"然后，递给达科塔一小块鸡肉。

达科塔又开始打鼓，观众发出欢笑。

图娜再一次征服了观众。它一边摇铃，一边敲着自己收小费的罐子。人们大声笑着，一些人走到台上，将小费放进罐子。

图娜和"摇滚猫"终于取得了成功。

喵呜！

酷知识

- 暹罗猫原产于泰国（旧名暹罗）。200多年前，这种珍贵的猫仅在泰国寺院中饲养，是足不出户的贵族。20世纪开始，暹罗猫成为欧美最受欢迎的猫品种之一。

- 苏格兰折耳猫是一种耳朵有基因突变的猫。这种猫的软骨部份有一个折，使耳朵向前屈折，并指向头的前方。因为是基因突变种，因此折耳猫易生病痛、行动不便，许多动物保护组织呼吁人们不要买来饲养。

- 波斯猫是最古老的猫种之一，其中一支广为人知的波斯猫为金吉拉。

- 波斯猫有一张讨人喜欢的娃娃脸，被毛长而华丽，举止优雅，因而身价很高。一只纯种的波斯猫可卖上千美元，是世界上爱猫者最喜欢的猫之一。

扩展阅读

要了解书中动物物种的更多信息，请参考以下书籍和网站：

《猫与狗》（Cats vs. Dogs），国家地理，2011年出版

《美国国家地理·奇趣小百科·百变的狗狗》，国家地理，2012年出版

国家地理 "动物：宠物猫"
animals.nationalgeographic.com/animals/mammals/domestic-cat

国家地理 "动物：宠物狗"
animals.nationalgeographic.com/animals/mammals/domestic-dog

国家地理 "动物：土拨鼠"
animals.nationalgeographic.com/animals/mammals/groundhog

敦刻尔克·戴夫网站和视频
www.dunkirkdave.com

"摇滚猫" 和 Acro-Cats 马戏网站和视频
www.circuscats.com

美国国家地理·动物故事会系列
带你探索动物们不为人知的另一面！

调皮、捣蛋的动物我们都已经见识到了，那么你见过乐于助人的动物吗？一只训练有素的小狗克劳德挽救了一只搁浅的海豚，一只名叫凯西的猴子帮助伤残的主人逐渐恢复健康，一群鼠类小英雄竟在坦桑尼亚发现了战争时期遗留下来的地雷，从而避免了一场灾难……快快跟随我们，一同领略这些动物英雄拯救生命的真实冒险之旅吧！

恶作剧并不是人类的专属，动物们也会。在本书中，小朋友们将认识3只调皮的动物——爱"越狱"的猩猩阿傅、喜欢在夜里偷偷行窃的猫咪奥利维亚、最爱恶作剧的狗狗佩吉。其中，

狗狗佩吉竟然将房子点燃了！你将看到它们为主人制造的天大麻烦，它们的肆意狂欢，还有它们如何用魅力赢得主人的心。

本书中4个不可思议的动物友情故事证明了爱是没有界限的。猩猩索雅和狗狗罗斯科是一对好泳伴儿；小河马欧文和乌龟迈兹会一起散步；懂手语的大猩猩科科经常和它心爱的小猫咪一起挠痒痒；还有愿意与任何孤独动物成为好友的格力犬茉莉。这些奇妙的故事一定会让你连呼"哇，太精彩啦"！

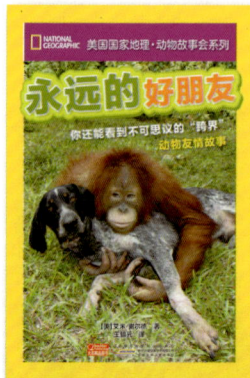

在这本书中，小朋友将跟随勇敢的探险家布莱迪·巴尔一起与鳄鱼、眼镜蛇等危险动物面对面。当你在一个洞里遇见13只睡觉的鳄鱼时，会发生什么事情？当一只鳄鱼爬进你的小船里该怎么办？跟随布莱迪踏上惊险刺激的冒险之旅吧！

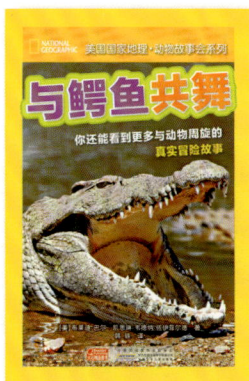

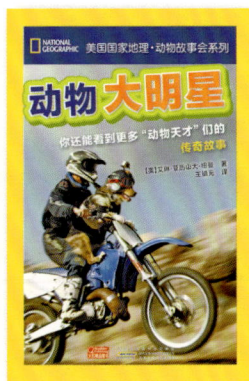

本书精选了美国国家地理少儿杂志中最受小朋友欢迎的3种明星动物——狗狗奥皮是摩托车越野赛的好手，土拨鼠"响尾蛇"可用来观天气，猫咪图娜是一只摇滚猫明星！你不用去动物园或杂技表演团，就能欣赏到动物们高超的技能和滑稽的表演！

有些动物在成长过程中注定要比其他动物承受更多的苦难，双目失明的老虎奈特罗、白化蝙蝠伊斯莉尔和肯塔基州3只不幸的猴子苏西、鲍伯和凯莱布就是这样。本书中，小读者将看到人们如何拯救这些特殊动物，并帮助它们开始新生活……

本书为小读者呈现了3个真实的动物英雄——舍身救主人的勇敢比特犬莉莉、保护游泳者免遭鲨鱼攻击的海豚、用行动证明了自己真是人类"近亲"的大猩猩。这些人类的好朋友是如何救人于危难之中的呢？本书将为你娓娓道来！

本书献给我的孙儿、孙女——汉娜和蔡斯，他们是我眼中永远的超级明星。

——艾琳·亚历山大·纽曼

图片来源

致谢

特别感谢：

一直帮助我的丈夫尼尔，他拍摄了大量土拨鼠的照片

鲍勃·威尔和比尔·弗奇，有爱心的土拨鼠救护者

莎曼珊·马丁，"摇滚猫"乐队的所有者兼经理

迈克·谢林，奥皮（爱好摩托越野的狗狗）最好的朋友

我的写作小组成员霍普·欧文·马斯顿、朱迪·安·格兰特和朱尔·拉蒂默

国家地理少儿图书项目编辑贝基·贝恩斯

关于作者：

www.alinealexandernewman.com